Georg von Neumayer †.

Von

Dr. **L. Friederichsen.**

Mit einem Porträt.

Sonderabzug aus den Mitteilungen der Geographischen Gesellschaft
in Hamburg, Band XXIV

Rudolf Dührkoop, Hamburg-Berlin

Georg von Neumayer †.

Von

Dr. **L. Friederichsen.**

Mit einem Porträt.

Am 25. Mai 1909, morgens 3 Uhr, ist der Wirkliche Geheimrat Prof. Dr. Georg Balthasar von Neumayer, der Senior der deutschen Geographen, Ozeanographen, Hydrographen und Meteorologen (geboren am 21. Juni 1826 in Kirchheimbolanden in der bayerischen Rheinpfalz) in Neustadt an der Haardt, wohin er sich nach Niederlegung seines Amtes als Direktor der Deutschen Seewarte zurückgezogen, im fast vollendeten 83. Lebensjahre aus dem Leben geschieden. Dem Gedächtnis dieses hochverdienten und allverehrten Gelehrten sind in wissenschaftlichen Vereinen, Fachzeitschriften und Tagesblättern des In- und Auslandes so vielfach Worte der Erinnerung gewidmet worden, dass wir uns an dieser Stelle darauf beschränken wollen, sein Wirken in dem ihm zur zweiten Heimat gewordenen Hamburg, sowie seine Verdienste um die geographische Wissenschaft und speziell um die Hamburger Geographische Gesellschaft in Kürze zu erörtern.

Nachdem Georg Neumayer*) im Jahre 1849 seine akademische Studien in den mathematisch-physikalischen Fächern an der Universität und an der polytechnischen Schule in München beendet und in dem darauf folgenden Jahre die Doktorprüfung bestanden hatte, beschloss er, durch Friedrich List's mannhaftes Eintreten für die Schaffung einer deutschen Seemacht begeistert und durch die bahnbrechenden ozeanographischen Arbeiten des Amerikaners Matthew Fontaine Maury angeregt, sich mit dem Wesen der praktischen Seefahrt eingehend bekannt zu machen. Er liess sich demgemäss im Herbst 1850 als einfacher Matrose des Hamburger Segelschiffes „Louise" (Kapitän Wortmann) für die Reise von Holland über England nach

*) Das Adels-Prädikat »von« datiert erst seit Januar 1900, seit der Verleihung des Komthur Kreuzes des Verdienst-Ordens der Bayerischen Krone durch den Prinz-Regenten Luitpold von Bayern.

Brasilien anheuern. Am 23. März 1851 zurückgekehrt, setzte er zunächst seine Studien auf dem Gebiete der nautischen Astronomie unter Leitung des Direktors der Hamburger Sternwarte und Navigationsschule Karl Ludwig Christian Rümker fort. Bereits nach sechswöchentlichem Kursus machte er sein Seeschifferexamen und unterrichtete alsdann kurze Zeit an der Navigationsschule in Hamburg und im Anschluss daran während 7 Monaten an der Seefahrtsschule in Triest.

Als Neumayer seine Hoffnung auf Anstellung in der österreichischen Marine vereitelt sah, kehrte er nach Hamburg zurück, um am Bord des Segelschiffes „Reiherstieg“ (Kapitän Sparbohm) eine zweite Seereise als Matrose anzutreten. Die Reise führte ihn nach dem ihm später so vertraut gewordenen Australien. Er landete dort am 5. August 1852. Nur mit Mühe gelang es ihm, sich von seinem Schiffe, dem fast die ganze mitgebrachte Mannschaft mittlerweile desertiert war, regelrecht abmustern zu lassen. Auch sein Sinn stand nach den jüngst entdeckten, die künftige Wohlfahrt Australiens bedingenden Goldfeldern, aber nicht des Mammons sondern wissenschaftlicher Studien wegen. Zu dem Ende liess er sich 1853 auf den Bendigo-Diggings in Südaustralien nieder, wo ihm auch Gelegenheit wurde, deutsche desertierte Seeleute allabendlich in der Navigation zu unterrichten.

Am 28. August 1853 brach Neumayer von den Bendigo-Diggings nach dem 100 englische Meilen entfernten Melbourne auf. Von Melbourne aus unternahm er alsdann eine wissenschaftliche Forschungsreise nach dem Murray-Flusse, von der er nach achtwöchentlicher Abwesenheit reich an Erfahrungen über Land und Leute zurückkehrte. Nachdem er noch einige Zeit als zweiter Steuermann am Bord des grossen amerikanischen Segelschiffes „Sovereign of the Seas“ Dienste getan hatte, führte ihn dasselbe Schiff im Frühjahr 1854 als Passagier über London nach Hamburg zurück.

Am 14. Juni 1854 wurde Neumayer von Alexander von Humboldt in Berlin empfangen, dem er über seine Erlebnisse und Pläne für die Zukunft berichten durfte.

In der Hauptstadt von Vandiemensland, dem jetzigen Tasmanien, in Hobarton (jetzt Hobart) hatte Sir James Ross bereits 1841 ein magnetisches Observatorium errichtet; dasselbe war aber 1849 wieder eingegangen. An die Arbeiten dieses Observatoriums anknüpfend, gedachte Neumayer in Melbourne eine Pflegstätte für erdphysikalische und besonders für magnetische Beobachtungen zu schaffen. Ohne Verzug ging er in Frankenthal an die Ausarbeitung einer darauf bezüglichen Denkschrift, die er, warm befürwortet von Justus v. Liebig, seinem Könige Maximilian II. von Bayern unterbreiten konnte. Der Erfolg war ein günstiger. Der König bewilligte die Mittel.

Neumayer, der inzwischen noch eine magnetische Landesvermessung der Pfalz, auch magnetische Beobachtungen in Schleswig ausgeführt hatte, konnte im Herbst 1856 mit allen erforderlichen Instrumenten ausgerüstet an Bord des Hamburger Vollschiffes „La Rochelle“ (Kapitän J. Meyer) der Reederei Godeffroy seine zweite Reise nach Australien antreten. Eine von ihm vorgeschlagene möglichst südliche Route führte das Schiff am 10. Januar 1857 nach den 3 Jahre zuvor von dem Walfänger Mac Donald entdeckten und nach ihm benannten Mac Donald-Inseln im südlichen Indischen Ozean, deren Lage astronomisch festgelegt wurde.

Am 27. Januar 1857 traf Neumayer in Melbourne ein. Mit der ihm eigenen Energie wurde sofort ein Privat-Observatorium eingerichtet und mit magnetischen und astronomischen Beobachtungen begonnen. Im folgenden Jahre bereits wurde ihm die Genugtuung, sein Observatorium als staatliches Institut unter dem Namen „Flagstaff Observatory“ anerkannt und sich am 1. Juni 1859 zum Direktor der magnetischen Aufnahmen für die Kolonie Victoria sowie zum Mitgliede des Explorations-Komitees der Royal Society in Melbourne ernannt zu sehen. In letzterer Eigenschaft fiel ihm 1860 die Aufgabe zu, für die grosse Burke'sche Expedition zur Durchquerung des Australischen Kontinents (August 1860 bis Juni 1861), welcher der Assistent am Neumayer'schen Observatorium, William J. Wills, als Astronom und Geometer angehörte, und die bekanntlich mit dem Hungertode Burke's und Wills' endete, die wissenschaftliche Direktive auszuarbeiten und die Expedition eine Strecke zu begleiten.

In seiner Eigenschaft als Direktor der magnetischen Aufnahmen für die Kolonie Victoria unternahm Neumayer in der Zeit vom 16. Oktober bis 21. Dezember 1862, von dem Landschaftsmaler Eugen von Guérard begleitet, eine wissenschaftliche Exkursion nach dem 1840 von Graf Strzelecki entdeckten Kosciusko-Gebirgsstock im Südosten der Australischen Alpen. Er ermittelte die Höhe der höchsten Spitze dieser überall mit Schnee bedeckten Gebirgsgruppe (zugleich die höchste Stelle des ganzen australischen Kontinents) vermittelst zweier Quecksilber-Barometer in den Tagen vom 17. bis 22. November 1862 zu 2187,3 Meter.

Die von Neumayer schon seit Jahren in Wort und Schrift vertretenen Ideen einer systematischen Erforschung der Antarktis konnten damals in Australien, wo alle Interessen sich auf die näher liegende Aufgabe der Aufschliessung des Australischen Kontinentes vereinigt hatten, keinen Boden fassen. Er konzentrierte daher im Jahre 1863 seine Aufmerksamkeit auf die Observatoriums-Arbeiten, zu denen sich neben der Verarbeitung von Schiffstagebüchern behufs Feststellung der besten Seglerwege zwischen Australien und Europa sowie meteorologischen und magnetischen Beobachtungen, auch Pendel- und Flutmesser-Beobachtungen nebst Bahnbestimmungen von Meteoren vermittelst eines von ihm erfundenen Meteorographen gesellten.

Mitte 1864 hielt Neumayer die Zeit für gekommen, nach Deutschland zurückzukehren, um seine Erfahrungen in den Dienst einer nationalen maritimen Machtentfaltung zu stellen und ozeanische und geographische Forschungen daheim fördern zu helfen. Er legte sein Amt als Direktor des Flagstaff Observatory in Melbourne nieder und kehrte, nachdem er zuvor noch Tasmanien besucht, auf dem englischen Schiffe „Garawalt“ nach Europa zurück. Er betrat am 26. Oktober 1864 nach siebenjähriger Abwesenheit wieder deutschen Boden. —

Auf Dr. August Petermann's Anregung hatte der Obmann des Freien Deutschen Hochstifts Dr. Otto Volger, für den 23. Oktober 1865 ca. 80 deutsche Gelehrte zu einer Konferenz nach Frankfurt a/M. eingeladen, in welcher man das Interesse für die arktische Forschung neu zu beleben hoffte. Als auch eine Einladung an Neumayer gelangte, stellte er seine Beteiligung mit dem Vorbehalt in Aussicht, dass auch die Südpolar-Forschung und die Gründung einer deutschen Zentralstelle für Hydrographie und maritime Meteorologie auf die Tagesordnung gestellt werde. Diesem Wunsche wurde gewillfahrt, und es bot sich Neumayer die willkommene Gelegenheit, seine Ideen vor Sachverständigen entwickeln zu können. Unter Beifall der Versammelten befürwortete Dr. Volger die Schaffung der angeregten Zentralstelle, indem er hierfür die Bezeichnung „Deutsche Seewarte“ in Vorschlag brachte.

Neumayer's Deduktionen in Frankfurt zeitigten 1867, während er in seiner Heimat mit der Herausgabe seiner „Results of the magnetic survey of the Colony of Victoria executed during the years 1858 - 1864“ und seiner „Discussion of the meteorological and magnetical observations made at the Flagstaff Observatory, Melbourne, during the years 1858—1863“ beschäftigt war, die Gründung der Norddeutschen Seewarte in Hamburg durch den vormaligen Rektor der Elsflether Navigationsschule W. von Freeden, ein pekuniär von den Handelskammern in Hamburg und Bremen unterstütztes Privat-Institut.

Gemeinsame, auf Hebung der deutschen nautischen Literatur und auf Förderung geographischer Forschungen abzielende Bestrebungen brachten Neumayer im Jahre 1869 in nahe Beziehungen zu unserem 1868 in Hamburg begründeten Etablissement*) und führten zu einem dauernden freundschaftlichen Verhältnis. In regem mündlichen und brieflichen Verkehr wurden wir von allen Schritten auf dem Laufenden erhalten, die er für die Entwicklung der deutschen maritimen Machtentfaltung erforderlich erachtete.

Nach Beendigung des deutsch-französischen Krieges 1870/71 verlegte Neumayer seinen Wohnsitz nach Hamburg. Und als sich mit dem am 7. April 1871 erfolgten Tode des Admirals Wilhelm von Tegetthoff die von ihm in Österreich im Rahmen der für den Venus-Durchgang 1874 projektierten südlichen Beobachtungsstationen eingeleitete antarktische Propaganda ziemlich aussichtslos gestaltet hatte, da versuchte Neumayer den auf die Tage vom 14. bis 22. August 1871 in Antwerpen anberaumten ersten internationalen Geographen-Kongress für seine südpolaren Pläne zu gewinnen. Verfasser war es vorbehalten, dem Kongresse eine darauf bezügliche, mit einer von ihm gezeichneten Karte der Südpolar-Gegenden versehene Denkschrift vorzulegen.

Mittlerweile hatte die Inaugurierung einer deutschen überseeischen Politik Boden gewonnen, und der Ausbau der deutschen Flotte schien in nächste Nähe gerückt zu sein. Neumayer siedelte infolgedessen im Oktober 1871 nach Berlin über und begann, zunächst in Fach- und Parlamentskreisen, für die Schaffung eines Hydrographischen Amtes der Kaiserlichen Admiralität Interesse zu wecken. Verschiedene Vorträge in der Berliner Gesellschaft für Erdkunde und in der Singakademie über den Magnetismus in eisernen Schiffen lenkten die Aufmerksamkeit massgebender Kreise auf ihn. Man erkannte in ihm die gegebene wissenschaftliche Kraft für die Reorganisation des Hydrographischen Bureaus. Nach mehrmonatlichen Verhandlungen wurde er am 1. Juli 1872 in das Hydrographische Bureau berufen und am 24. Dezember 1872 zum Hydrographen der Kaiserlichen Admiralität unter Admiral von Stosch ernannt.

Neumayer's Wirken als Hydrograph der Kaiserlichen Admiralität ist ausserordentlich vielseitig gewesen. Wir beschränken

*) Land- und Seekartenhandlung. Geographischer und nautischer Verlag.

uns darauf, aus ihm drei Momente herauszugreifen, welche auch der geographischen Wissenschaft im allgemeinen und Hamburg im speziellen zugute gekommen sind, nämlich: 1. die Gründung der Hydrographischen Mitteilungen, den jetzigen Annalen der Hydrographie und Maritimen Meteorologie im Jahre 1873; 2. die Weltreise SMS „Gazelle" 1874/75, deren wissenschaftliche Vorbereitung und Ausrüstung vornehmlich Neumayer's Werk gewesen ist, und 3. die Umgestaltung der Freeden'schen Norddeutschen Seewarte zu einem Reichs-Institut der Deutschen Seewarte am 9. Januar 1875. — Was die Annalen der Hydrographie anlangt, so sind sie längst als das führende Fachorgan anerkannt. Sie bergen eine Fülle wissenschaftlichen Materials auf dem Gebiete der physischen Erdkunde. — Bezüglich der Expedition SMS „Gazelle" unter Kommando des Kapitäns zur See Freiherrn von Schleinitz sei daran erinnert, dass sie die erste vor Allem wissenschaftlichen Zwecken dienende Weltreise eines deutschen Kriegsschiffes gewesen ist, auf der an unerforschten Küsten und fernen Inseln die neue Deutsche Reichsflagge entfaltet werden konnte. In Würdigung dieser Tatsache fühlte sich die Hamburger Geographische Gesellschaft zu einem Festmahl am 11. Mai 1876 im Hôtel de l'Europe zu Ehren des Kommandanten und des Offizierkorps SMS „Gazelle" veranlasst, an dessen glänzenden Verlauf sich die noch lebenden Teilnehmer gerne erinnern werden. — Was Hamburg im speziellen und die an der Schiffahrt interessierten Kreise des In- und Auslandes im allgemeinen der Deutschen Seewarte verdanken, ist zu bekannt, um einer Wiederholung zu bedürfen. Es muss hier genügen darauf hinzuweisen, dass die unter Neumayer's Redaktion herausgegebenen deutschen Segelhandbücher und Atlanten der drei Ozeane sowie erdmagnetischen Karten*) unsere Schiffsführer von der Last der Benutzung derartiger fremdsprachlicher Werke befreit haben und grundlegende Arbeiten für unser Wissen von der Erde geblieben sind.

Vom 1. Januar 1875 bis März 1876 führte Neumayer neben seinem Amte als Hydrograph das Dezernat für die Deutsche Seewarte von Berlin aus. Mit seiner Ernennung zum Direktor dieses Instituts am 13. Januar 1876 trat die Frage der Übersiedelung nach Hamburg an ihn heran, die dann am 17. März desselben Jahres erfolgte.

Mit der Übersiedelung trat Neumayer naturgemäss auch in engere Beziehungen zu der am 6. März 1873 gegründeten und von

*) Vergl. auch Neumayer's Atlas des Erdmagnetismus, Abteilung IV des Berghaus'schen physikalischen Handatlas. Gotha 1891.

Bürgermeister Dr. Kirchenpauer geleiteten Hamburger Geographischen Gesellschaft. — Schon am 5. Juni 1873 hatte sie die Freude gehabt, von ihm, dem stellvertretenden Vorsitzenden der am 19. April 1873 gegründeten Deutschen Afrikanischen Gesellschaft über die Ausrüstung und Abreise der ersten deutschen Expedition nach dem Congogebiet unterrichtet zu werden, und am 23. September 1874*) hatte sie ihn gelegentlich des Empfanges der österreichisch-ungarischen Nordpol-Expedition in Hamburg für gleichzeitig in den Süd- und Nordpolar-Gegenden anzustellende magnetische Beobachtungen zwecks endlicher Aufklärung über das wahre Wesen der erdmagnetischen Störungen, plaidieren hören. Am 3. Juni 1875 wählte sie ihn zu ihrem Ehrenmitgliede.

Während Neumayer's amtlichen Tätigkeit als Hydrograph der Kaiserlichen Admiralität hatte sich das Bedürfnis nach einer deutschen „Anleitung zu wissenschaftlichen Beobachtungen auf Reisen“ herausgebildet. Diesem Bedürfnis wusste er zusammen mit einer grösseren Anzahl deutscher Gelehrten 1875 zu entsprechen. Zu seinem 80. Geburtstage im Jahre 1906 hatte er die grosse Freude und Genugtuung, dies fundamentale Buch in dritter wesentlich vermehrter und verbesserter Auflage erscheinen lassen zu können.

Am 12. Oktober 1876 wurde Neumayer in den Vorstand und am 5. April 1877 zum zweiten Vorsitzenden der Hamburger Geographischen Gesellschaft gewählt, welches Ehrenamt er am 7. März 1889 niederlegen zu müssen glaubte. Seiner Wertschätzung und Verehrung für den langjährigen Präsidenten, Bürgermeister Dr. Kirchenpauer, hat er gelegentlich des zehnjährigen Stiftungsfestes der Gesellschaft am 6. März 1883 bei Überreichung der Urkunde zur Kirchenpauer-Medaille und später in der Gedächtnisrede auf Kirchenpauer am 31. März 1887 in trefflicher Weise zum Ausdruck gebracht. Dankbar muss der Anregung und Belehrung gedacht werden, welche die Hamburger Geographische Gesellschaft durch Neumayer im Jahre 1879 empfangen hat, als Hamburg geraume Zeit Vorort der internationalen Polarforschung**) und später dauernd Sitz des Exekutiv-Ausschusses der deutschen Polarforschung war.***) Unter Neumayer's

*) 1873—75 bekleidete Neumayer das Ehrenamt eines stellvertretenden Präsidenten der Berliner Gesellschaft für Erdkunde.

**) Siehe Sitzungsbericht vom 2. Oktober 1879 in Mitt. d. Geographischen Gesellschaft in Hamburg 1878—79 p. 336: Sitzung zu Ehren der internationalen Polarkonferenz.

***) Siehe Sitzungsbericht vom 17. November 1883 in Mitt. d. Geographischen Gesellschaft in Hamburg 1882—83 p. 341: Ausserordentliche Sitzung zu Ehren der heimgekehrten deutschen Mitglieder der internationalen Circumpolar-Stationen.

und Dr. Börgen's*) Redaktion sind 1886 und 1890/91 die Beobachtungs-Ergebnisse der deutschen Stationen im Systeme der internationalen Polarforschung (4 Bände) herausgegeben worden.

In der Geschichte der Hamburger Geographischen Gesellschaft spielt der in den Tagen vom 9. bis 11. April 1885 in Hamburg stattgehabte 5. Deutsche Geographentag eine gewichtige Rolle. Unter dem Ehrenpräsidium Kirchenpauer's führten Neumayer und Verfasser die Leitung der Kongress-Vorarbeiten des Lokal-Ausschusses.**) Behufs Belebung des Interesses für die antarktische Forschung wurde für sie die erste Vormittags-Sitzung reserviert. Von Friedrich Ratzel und Albrecht Penck unterstützt, plaidierte Neumayer für eine energische Inangriffnahme derselben. Seitdem hat sie bis Schluss des 19. Jahrhunderts einen ständigen Gegenstand der Tagesordnung nationaler und internationaler Geographen-Kongresse und Naturforscher-Versammlungen gebildet.***) Und zweifelsohne ist der unverdrossenen Agitation Neumayer's das Einsetzen der internationalen Südpolar-Forschung im Jahre 1901 zu verdanken. Unter dem Titel: „Auf zum Südpol! 45 Jahre Wirkens zur Förderung der Erforschung der Südpolar-Region 1855 bis 1900" hat Neumayer im August 1901 zur Ausfahrt der ersten deutschen Südpolar-Expedition unter Führung Dr. Erich v. Drygalski's ein umfangreiches Buch erscheinen lassen, in welchem alles vereinigt ist, was er im Laufe der Jahre über dieses Thema öffentlich vorgetragen oder publiziert hat. Er selbst sagt in dem Vorwort: „dass er in diesem Buche der Jugend habe zeigen wollen, in welcher Weise er dazu gelangt sei, seine Kraft und wissenschaftliche Erkenntnis in den Dienst der deutschen maritimen Entwicklung zu stellen und wie sich in ihm die Überzeugung gebildet habe, diese Ziele Hand in Hand mit der Südpolar-Forschung fördern zu können." —

Mit derselben Energie, mit welcher Neumayer die antarktische Frage verfolgt hat, war er seit 1852, seit seiner ersten Landung auf australischem Boden, bemüht, das Schicksal unseres Landsmannes

*) gestorben am 8. Juni 1909.

**) Neumayer wurde 1889 auf dem VIII. Deutschen Geographentag in Berlin zum Vorsitzenden des Zentral-Ausschusses gewählt und hat dies Ehrenamt bis 1905 verwaltet. In Anbetracht seiner Verdienste um den Geographentag wurde er alsdann zum Ehrenpräsidenten gewählt.

***) Neumayer wurde im April 1895 auf dem Bremer Geographentag zum Vorsitzenden der auf Verfassers Antrag gebildeten Deutschen Kommission für die Südpolar-Forschung gewählt.

Dr. Ludwig Leichhardt aufzuhellen. Unzählige Male ist er für Aufklärungs-Expeditionen in Wort und Schrift eingetreten. Die in England erhoffte Unterstützung ist ihm selbst dann noch versagt geblieben, als er 1881 im Auftrage der Hamburger Geographischen Gesellschaft zusammen mit Otto Leichhardt, dem Neffen des Verschollenen, „Dr. Ludwig Leichhardt's Briefe an seine Angehörigen" *) herausgegeben und hierin die Bedeutung Leichhardt's als Naturforscher und Entdeckungsreisender mit besonderer Verve dargelegt hatte. Auch seine Bemühungen, für eine englische Ausgabe dieser Briefe, deren Übersetzung auf seine und Verfassers Kosten gemacht worden ist, einen Verleger in England oder Australien zu finden, sind erfolglos geblieben.

In die Reihe der ausserordentlichen Ereignisse, welche der Hamburger Geographischen Gesellschaft frisches Leben zugeführt und ihr Ansehen in der wissenschaftlichen Welt gehoben hat, gehört auch die im April 1891 auf Verfassers Anregung von ihr in Gemeinschaft mit dem Verein für Kunst und Wissenschaft auf dem 12. Oktober 1892 anberaumt gewesene hamburgische Amerikafeier zur Erinnerung an die vor 400 Jahren erfolgte Entdeckung Amerikas durch Christoph Columbus. Wie bei jeder nationalen und wissenschaftlichen Aufgabe fand sich Neumayer auch sofort bereit zur Übernahme des Vorsitzes des wissenschaftlichen Ausschusses des Komitees für diese Feier. Die Tätigkeit des Ausschusses hat eine zweibändige Festschrift **) gezeitigt, in der man in erster Linie den nationalen Standpunkt hervorzuheben, dadurch das nationale Selbstgefühl und das Vertrauen in die eigene Kraft zu heben und die Rolle, welche die deutsche Nation, sei es in den Vorstadien, sei es in der Verwertung der grossen Unternehmungen im 15. und 16. Jahrhundert eingenommen, zu beleuchten bemüht gewesen ist. Diesem Gedankengange hat Neumayer in der Einleitung zur Festschrift mit grosser Sachkunde Ausdruck gegeben. —

Am 21. Juni 1896, gelegentlich des 70. Geburtstages, hat die Hamburger Geographische Gesellschaft Neumayer durch Verleihung der goldenen Kirchenpauer-Medaille und durch ein Festbankett ausgezeichnet.

*) Sie bilden den 3. Band der Mitteilungen der Geographischen Gesellschaft in Hamburg.

**) Hamburgische Festschrift zur Erinnerung an die Entdeckung Amerikas. Herausgegeben vom Wissenschaftlichen Ausschuss des Komitees für die Amerikafeier. 2 Bände. Hamburg 1892.

Anfang 1903 hielt Neumayer den Zeitpunkt für gekommen, sein Amt als Direktor der Deutschen Seewarte niederzulegen. Nachdem der Senat der Freien und Hansestadt Hamburg Neumayer's engeren Freunde und die höheren Beamten der Seewarte noch bei einem Abschiedsmahle im Rathause am 24. März 1903 um den Scheidenden versammelt, und der Präsident des Senats, Herr Bürgermeister Dr. Burchard, ihm mit ehrenden Worten die goldene Staatsmedaille überreicht, auch sein wohl gelungenes Ölporträt im Rathause eine bleibende Stätte gefunden hatte, *) siedelte er im Juni 1903 nach Neustadt a/Haardt über. Hier und auf seinem kleinen Landsitze Weisenheim a/Berg bei Bad Dürkheim war es ihm vergönnt, noch die 3. Auflage seiner vorerwähnten „Anleitung zu wissenschaftlichen Beobachtungen auf Reisen" fertig zu stellen sowie die magnetische Vermessung seiner heimatlichen Pfalz zu vollenden. Über diese beiden letzten Arbeiten schrieb er an Verfasser unter'm 13. Juli 1907: „Nach allen verschiedenen Stürmen meines Lebens habe ich allen Grund, mit meinem Los und dem Errungenen zufrieden zu sein. Dass es mir nach $2^3/_4$jähriger harter Arbeit gelungen ist, die 3. Auflage meiner Anleitung zu wissenschaftlichen Beobachtungen auf Reisen zu vollenden, obgleich fünf meiner Mitarbeiter unter der Bearbeitung aus dem Leben geschieden sind, erfüllt mich gleichfalls mit grosser Zufriedenheit und Dankbarkeit gegen das Geschick. Auch die Vollendung der erdmagnetischen Vermessung meines Heimatlandes nach vollen 50 Jahren erachte ich als ein grosses Glück. Nicht als ob ich den Wert dieser Jugendarbeit sehr hoch anschlüge, ist es vielmehr die Tatsache, dass mich die Ausdauer gegen alle menschliche Berechnung zum Ziele führte; sie gewährt mir eine Genugtuung, die mir in meinem hohen Alter im Ertragen der unvermeidlichen Gebrechen eine Stütze ist."

Als Verfasser Neumayer zum letzten Male gesehen und gesprochen — es war am 6. Dezember 1907 in Frankfurt a/M. gelegentlich der Feier des 25jährigen Bestehens der Deutschen Kolonialgesellschaft —, da hatten Altersfurchen sein faszinierendes Antlitz bereits merklich verändert. Immerhin war es eine Freude, ihn an den Verhandlungen und an den geselligen Veranstaltungen noch geistig frisch teilnehmen zu sehen. Siebzehn Monate sind ihm dann noch vergönnt gewesen. Eine hartnäckige Bronchitis hat

---

*) Schon vor geraumer Zeit war durch Senatsbeschluss die vom Zeughausmarkt zur Seewarte führende Strasse »Neumayer-Strasse« benannt worden.

seinem langen und segensreichen Wirken ein Ende bereitet. Am 27. Mai a. c. ist seine irdische Hülle in Neustadt a/Haardt zu Grabe getragen worden. Als letzten Liebesdienst hat die Hamburger Geographische Gesellschaft durch ihr Beiratsmitglied Prof. G. Schott einen Lorbeerkranz auf seinen Sarg niederlegen lassen.

Mit Georg v. Neumayer ist ein führender Geist aus dem Leben geschieden! Allen, die ihm näher getreten sind, wird sein interessanter Kopf mit den lebhaften und treuen Augen, seine Begeisterung für alle Ideale des Lebens und nicht zum geringsten für des Vaterlandes Grösse unvergesslich bleiben. Sein Name wird fortleben! Ehre seinem Andenken!

FSC
www.fsc.org
MIX
Papier | Fördert gute Waldnutzung
FSC® C083411

Zeitfracht Medien GmbH
Ferdinand-Jühlke-Straße 7
99095 Erfurt, Deutschland
produktsicherheit@kolibri360.de